愛知大学東亜同文書院ブックレット

❹

満州の青少年像

ロナルド・スレスキー

●目　次●

藤田　皆さんこんにちは。今日はたくさんの方にお集まりいただきまして、たいへんありがとうございます。この夏休み前、一〇〇歳の安澤先生にご講演いただき、お聞きいただいた方もおられるかと思いますが、今日はアメリカのハーバード大学のロナルド・スレスキー先生に、満州の青少年像ということで、画像を見ながらお話をしていただくことになりました。我々の東亜同文書院大学記念センター主催であります。スレスキー先生は元々アメリカの方ではありますが、途中日本で一八年間過ごされました。前半はこの研究をされ、後半はもっと勉強したいというので英語関係の出版社に勤めながら勉強されました。従って本日は日本語で講演していただきます。安心してお聞きください。

なお愛知大学がもうひとつ文科省から認定されているCOEプログラムによって、本学には中国の国際研究センターを設けています。そのプロジェクトの一環で、今週名古屋地区を中心にして国際シンポジウム等が開かれています。本日も、世界各地から研究者の方々が集まっています。中国から来られた先生方が多いのですが、国際シンポジウムへ出席された研究者の方々にも豊橋キャンパスまで来ていただき、せっかくの機会ですのでスレスキー先生のお話を併せて聞いていただくことになりました。しかしこの教室では同時通訳はできません。そこで日本語を聞いて中国語に訳していただける方々何人かにご協力をいただいて、通訳者の都合で中国関係の方々は両端へ座っていただき、それぞれの場所で同時通訳をしていただきます。従って真中の席の方はスレスキー先生の日本語と中国語が同時に聞けるということで今日はご勘弁いただきたいと思います。中国の方々にも講演を分かりやすく聞いていただければと思います。そこのところご理解いただきたいと思います。

今日は長野県から満蒙開拓の研究をしている方々にもご出席いただきました。長野県は満蒙開拓へ出かけられた方が多いものですから、長野県の関係の方々にも少し宣伝をさせていただきました。これを機会にスレスキー先生とご交流いただきたいと思います。それではただいまからこのタイトルで発表をしていただきます。ひとつゆっくりとご清聴いただければありがたいと思います。

なお、この企画は年が明けてからもずっと続きます。お知らせいたしますのでまたご参加いただければたいへんありがたいと思っております。ではスレスキー先生、お願いします。

一　ごあいさつ

スレスキー　ご紹介いただきましたスレスキーと申します。今日はご招待いただき、ありがとうございます。皆さんの前で発表させていただけること、またこうして日本を訪ねられたことをたいへん嬉しく思っております。このイベントは愛知大学六〇周年のお祝いの一環として行われます。愛知大学は国際研究の長い歴史があり、日本の大学の中でも非常に特色のある大学です。また特に中国との強い関係も持っていらっしゃいます。六〇周年のすばらしいお祝いに参加させていただくことができ、とても嬉しく思います。おめでとうございます。

二　満蒙開拓青少年義勇軍

今日は満州関係の話をいたします。まずこの地図をご覧になってください（図1）。皆さんよくご存じだと思いますが、日本列島、朝鮮半島、中国東北部の満州です。具体的に今日の話は満蒙開拓青少年義勇軍という団体に関するものです。この団体は一九三八年から戦争が終わる一九四五年までありました。もちろん満州は当時、日本帝国の一番新しい植民地でした。そして義勇軍の基本的な目的は満州移民を作ることでした。帝国の一番新しい場所を守り、帝国の一番新しい国境を防衛するという二番目の目的もありましたが、一番には満州移民を作ることが目的の団体でした。

一九三〇年代前半までに日本はアジア大陸における帝国建設の作戦を本格的に始めていました。一九〇五年に日露戦争の勝利で南満州の関東州を抑え、一九一〇年に朝鮮半島を領有した日本は、一九三一年後半に満州全体を占領し、一九三三年には現在の内モンゴル自治区に入りました。日本が帝国の拡大で得たものは土地でした。満州には工業経済を確立するのに必要な鉱物や燃料、建設用の木材、食用または冬の暖かい服にするための生皮がとれる動物

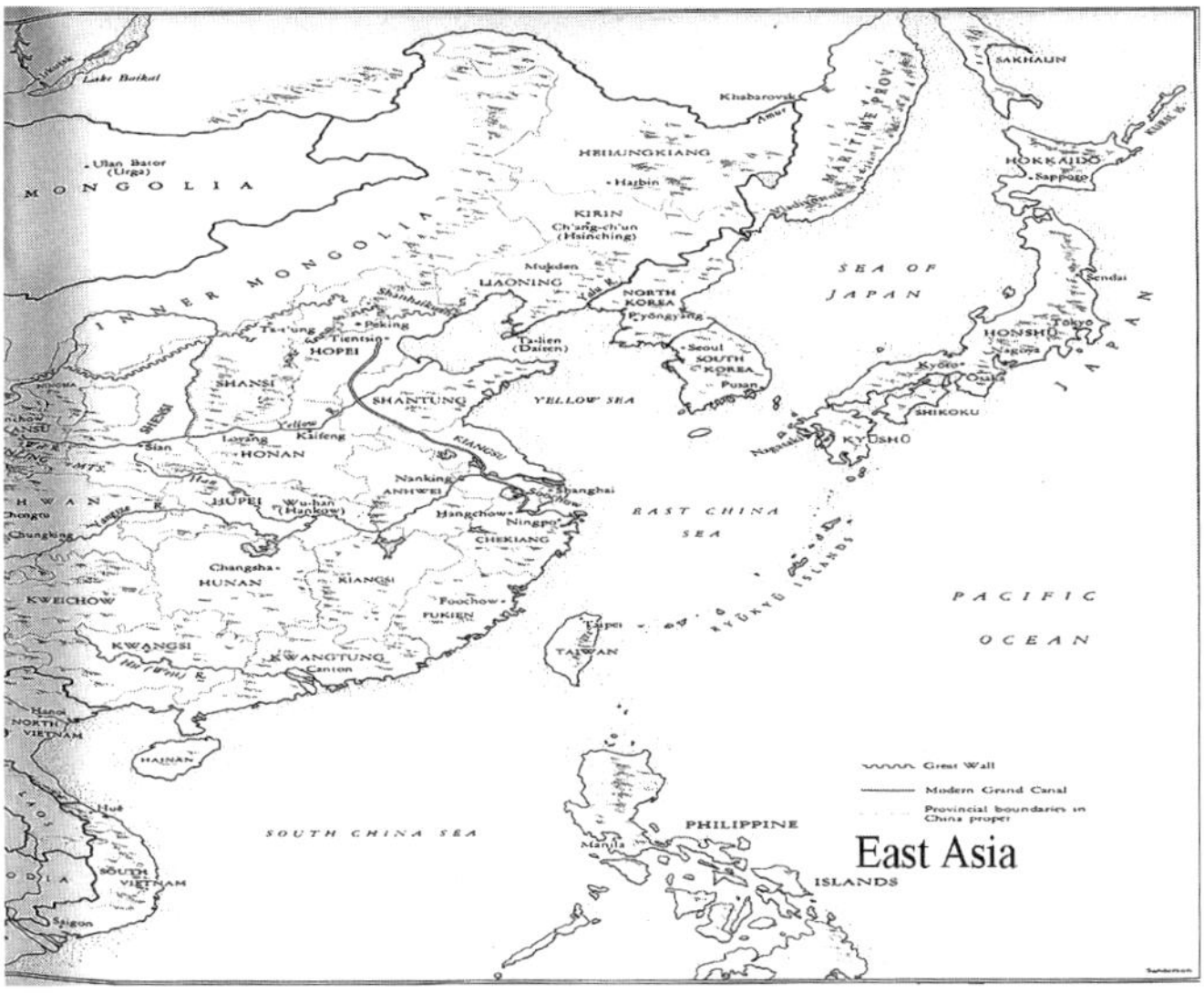

図1　東アジア地図

が豊富にありました。肥沃な土地は大豆や高粱、綿やケシなどの商業作物を育てるのに適していました。そして日本が新しい領土を統治し、最大限に利用する唯一の方法は忠誠な日本人をその土地に住まわせ人口を増やすことだったのです。

義勇軍と満州国との関係は当時の資料を見れば分かると思います。任されていた任務に関していえば、満州国を建国することや、あるいは満州国の国境を警備するということがありました。ただ、私の分析からいうと、義勇軍が置かれていた場所という意味では満州国というよりも、もっと広い「満蒙」という場所であったということを付け加えておきたいと思います。満州国だけとの関係があったわけではない。満州国というのは大きな都市が中心でした。大連、奉天、哈爾浜《ハルビン》などはその当時すでに近代化しており、道路があって電気があって水道もあって、大きな建物、病院、図書館、百貨店などがたくさんありました。けれども義勇軍が一番多くいたところは大都市から離れた田舎でした。ですから満州国に義勇軍がいたというと語弊があります。義勇軍の活動は満州移民を作るという目的で行われ、場所は「満蒙」という広いところであったということです。

義勇軍は拓務省によって設立され、その基本的な目的は日本の農村から少年を募集して満州で三年間の訓練を受けさせることでした。農民の第二、第三、第四番目の息子たちが募集の対象でした。日本全国から募集しましたが、特に岩手県、長野県が中心でした。当時の日本の農業経済は低迷していて、農民の日常生活は困窮の状態でいろいろな問題点がありました。人口が多過ぎ、土地は足りず、収入は低く、たくさんの農民が貧しさに苦しんでいる状況でした。それとは逆に満州には土地があり、人口は少ない。土地は豊かで、植物や動物が豊富でした。日本国内の経済には問題点があり、満州には人口が少ない。たくさんの人がそう思っていました。

少年たちは満州へ行く前に、まず日本国内の内原訓練所で三か月間の基本的な訓練を受けました。その目的は共同生活で必要な能力をつけ、たくさんの人と一緒に住む方法を学び、さまざまな訓練を受けることでした。訓練には軍事関係の訓練、駆け足、剣道、銃剣術などのスポーツ関係の訓練、たくさんの人のために料理を作る炊事当番の訓練、それからもちろん農作業関係のいろいろな訓練がありました。

この辺りで義勇軍について簡単に説明いたします。義勇軍が作られた時から戦争が終わるまでに、満州に送られた少年は合計では八六、五三〇名でした。かなり多いです。義勇軍の一番中心的な訓練所は大訓練所でした。最初は五か所でしたが、最終的には一二か所になりました。各大訓練所には三、〇〇〇名ぐらいの少年がいて、兵舎は七〇棟あり、かなり広いところでした。それ以外に二か所の専門訓練所があり、そこで少年たちは比較的専門的な勉強をしました。味噌の作り方、パンの作り方、機械の修理方法、それから家畜の飼育など、いろいろ特別な勉強をするところでした。

次第に各訓練所はそれぞれの特徴をもったものとなっていきました。例えば、哈爾浜の訓練所は大規模なもので、その土地の日本人入植者を治める幹部になることを希望する若者にリーダー養成の訓練がなされました。また、昌図訓練所は中国軍の元兵舎を陣営としていて、少年たちに軍人としての訓練を受けさせるための専用の訓練所でした。これら二つの特殊な訓練所は新しく少年たちが入団した時に手続きを行う場所としても使われました。

この地図をご覧ください（図2）。これは南満州鉄道です。この辺りが大連、奉天、新京、哈爾浜。あとでお話しする昌図という町もあります。これは大訓練所で、数えると一二か所あります。最初の五つの大訓練所は嫩江（三、一九九人）、鉄驪（四、〇七二人）、勃利（二、八六五人）、寧安（二、三七三人）と孫呉（一、一九八人）でした。大訓練所は満州のだいぶ奥にありました。満州の東北部はもちろん人口は少ないのですが、もうひとつの重要なポイントだったのは、この辺りにソ連と満州との長い国境があったことです。そして、その長い国境を防衛することは義勇軍の目的のうちのひとつでした。

大訓練所の他には小訓練所が九四か所あって、小訓練所にはそれぞれ二〇〇人から三〇〇人の少年たちが住んでいました。小訓練所

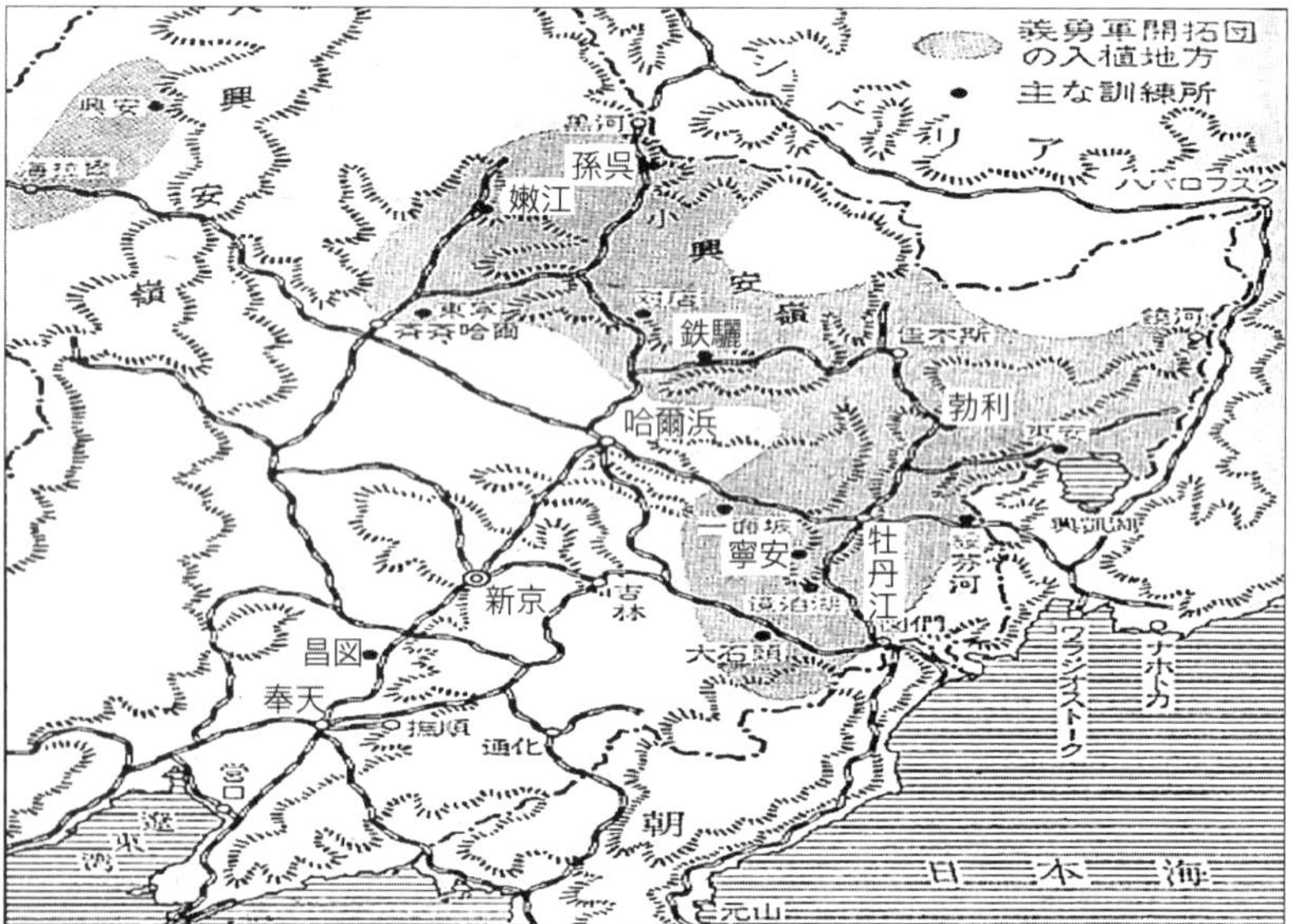

図2　満蒙開拓青少年義勇軍の満蒙での訓練所と入植地の分布

の大半は農業に関連した労働のために使われ、少年たちはそこで農業と動物の世話を学びました。このような訓練所の半数は兵舎がきちんと並んで建てられ、訓練所のまわりには畑があるというように、大規模な訓練所を模倣したかたちで作られていました。これらの訓練所を卒業した少年たちには、勤労期間が終わると離れた場所に行って新しい農村を作ることが課せられていました。小規模の訓練所の中には、いずれ日本人入植者の農村にするという前提で作られたところもあり、このような場所では、義勇軍の卒業生が望んだ場合にはそこに入植者として住み、働き続けることもできました。少年たちには三年間の訓練の後、満州で結婚し家族を作って同じ場所での生活を続けることが期待されていて、そういう目的を果たすために日本の女性が移民させられました。

　そのほかには鉄道自警村というものがあり、このような村は南満州鉄道沿いの田舎の重要地点に設置されていて、少年たちの任務には線路の付近を巡回して破壊活動から線

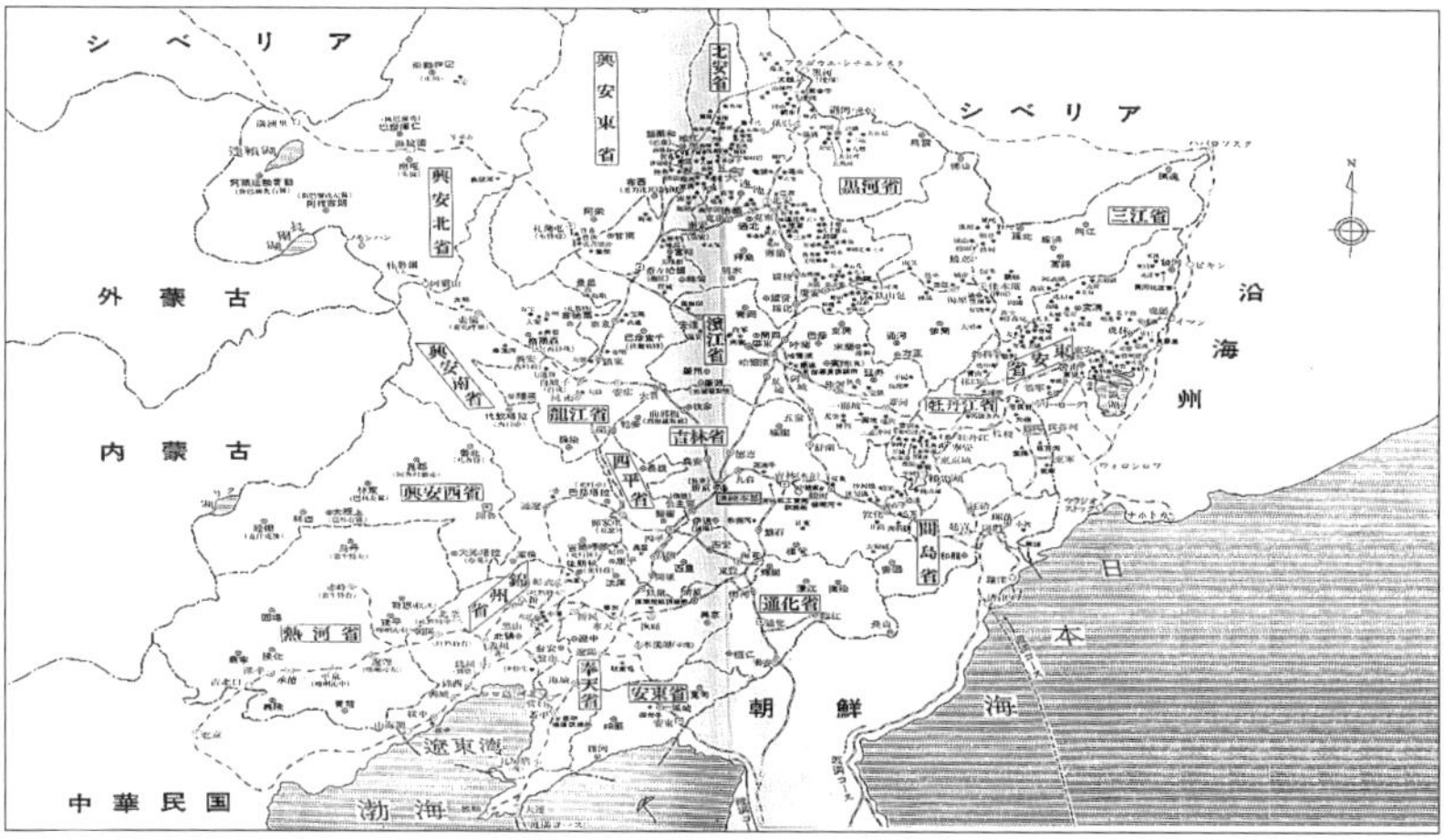

図３　満蒙における青少年義勇軍訓練地と入植地の分布

路を守るということがありました。三年間奉仕した後には、希望によってその村に住み続けることもできました。一九三九年の時点で満州には少年たちがパトロールをしていた鉄道村が一〇か所あり、平均で三〇〇人の少年たちが各村に住み、軍事的な生活、軍事的な練習をしていました。

この地図には、満州で義勇軍が入っているところが全て載っています（図3）。もちろん満州のあちこち、農民のいるところには全て入りましたが、ここから分かるのは、義勇軍の大部分が満州の東北部に集中しているということです。

三　加藤完治

義勇軍のアイディアは、有名な加藤完治（図4）という人の影響によって生まれました。加藤完治は「義勇軍の父」と呼ばれていますが、彼が信じていたのは農業中心の国家主義でした。彼の考えでは、一番純粋な生活は農民の単純な生活でした。毎日外で、太陽の下で働く。太陽は丸い形です。丸い形は天照大神を代表する。そういう農民の生活は道徳を持っている。たとえば、両親を尊敬すること、学校の先生を尊敬すること、働く時も勉強する時も勤勉である、という考えに基づいていました。そういう純粋な、ごく単純な生活に意味があると加藤完治は言いました。

加藤完治にはもうひとつ好きな考え方がありました。「国体」という明治時代にできた考え方です。明治時代は他の国々でいうと、アメリカは国ができて一〇〇年経った頃でした。ヨーロッパではいろいろな新しい国が出てきていました。各国は自分の民族の特色を説明するアイディアを作り上げました。

日本人の特色を説明する考え方は「国体」でした。「国体」では一番上が神様です。もちろん神様はいくつもあるんですけれども、天照大神がその中でも一番でしょう。日本民族の国民がいて、その上に天皇がいて、天皇の祖先が天照大神。そして天皇が神を代表する、という考え方です。

どの訓練所にも共通してみられたのは、神道で最も重要な神とされる天照大神を祀った小さな神社でした。一九三〇年代と一九四〇年代、日本人入植者はアジアで新しいコミュニティーを作った場所にはどこにでも似たような神社を建てていきました。神道の神は日本人のもので、日本人以外にその神とのつながりを持つ者はいないという理由から、日本民族の特異性を象徴するものとされていました。また、神社があることで満州の植民地化の中で神が日本人を守ってくれると考えられていました。日本に住む人が地元の神社で季節ごと、もしくは年に一度のお祭りを催し、お菓子や食べ物の屋台、格闘技や

図４　青少年義勇軍の父・加藤完治
左　訓練生・古田耕三画

伝統的な舞台、書道の展示を楽しむように、義勇軍は毎年自分たちの神社で儀式を行いました。部隊によっては日本の地元の氏神を祀ることによって新しい土地と神、そして満州と日本のつながりをいっそう強めようとしたところもありました。戦前の日本には宗教とナショナリズムに強いつながりがあり、満州の義勇軍訓練所にある神社はそのつながりをもっとも端的に示すものだったとも言えるでしょう。

図５　関東軍少佐東宮鉄男

国民は天皇のため、神様のために立派な国を作る。これはある意味で単純な思想ですけれども、別の意味では非常に有効的なアイディアではないでしょうか。日本の民族を統一されたひとつのものとし、神様と一般の人、そして政府もひとつの組織になる。非常に影響力のある考え方で、戦争前、一九三〇年代から加藤完治はこの考え方を支持していました。「国体」のこの考え方は三〇年代の日本のありとあらゆる場所にあふれていました。非常にたくさんの人が聞いて、信じていました。この写真はたぶん加藤完治が一番好きな写真だったと思います。彼が外で働き、休憩している時に誰かが撮ったものです。

加藤完治の元気そうな顔の写真です。

加藤完治の思想は義勇軍の基本的な方針の中での一部でした。もうひとつの側面は軍事的な面です。

この軍事的な面は関東軍の少佐だった東宮鉄男（図5）が推し進めたものです。関東軍は満州の遼東半島で設立して、いろいろな意味で独立した存在でした。それは皆さんご存じだと思います。東宮の考えは、新しい植民地を一番安全に防衛する方法は日本人がいることなのだから、満州には日本からの移民が必要である、そして日本人の移民は満州で武装のままで農作業の生活をすることが必要だというものでした。東宮の考えではその移民は武装移民であることが必要でした。軍事的な組織で、小銃を持って軍事訓練を受けることを重要視したのです。彼は満州には馬賊の問題がたくさんあって危ないところだと考えていました。もうひとつの理由はもちろん満州の一番北には新しい帝国とソ連との長い国境があったことです。満州国とソ連、その長い国境を防衛する目的で武装移民が必要だと考えたのです。

四　内原訓練所

話が少し繰り返しになりますが、少年たちは満州に行く前にまず三か月間、茨城県の下中妻村にある内原で基本的な訓練を受けていました。そこで兵舎での生活の訓練を受けたのです。兵隊としての訓練もあって、毎日朝には朝礼がありました。朝礼では皆、早めに集まっていろいろな特別な言葉、歌を歌いました。その目的は、少年たちに自分たちが統一された団体の一部であるという気持ちを持たせることでした。これは内原の写真です（図6）。後ろに日輪兵舎の一部が見えますね。ご存じかと思いますが、兵舎は神様を象徴するという意味で丸い形をしているのです。天照大神と太陽の両方ともが円形によって象徴されていたのです。内原訓練所では丸い形の三、四階までの建物をよく使いました。このような建築は満州の厳しい気候では風がたくさん入って兵舎の中が寒くなってしまうため使えませんでしたが、内原には日輪兵舎が多くありました。

加藤完治の考え方の中で彼が特に強調したのは、宗教的な面、精神的な面、国家主義的な面です。加藤は少年たちが皆、大和バタラキの気持ちを持つことを望んでいました。それが一番表われているのは毎朝の朝礼でした。朝会では旗が揚げられると君が代が歌われ、訓練所の幹部が教育勅語を読み上げるのでした。教育勅語は一八九〇年に明治天皇が国民に向けて国家の利益のために働くことを説くため発表したものです。一九三〇年代から一九四〇年代にかけて、国を代表するイデオロギー信奉者たちは右翼的ナショナリズムを推し進めるため教育勅語をこぞって使ったものでした。毎朝、日本の学校では生徒たちが静かに天皇の写真に向かって立っている間、教育勅語が読まれていました。

図６　茨城県の内原訓練所での訓練生

子どもたちは毎朝早い時間に集まって東を向き、日の出にあわせていろいろな歌を歌って、特別な言葉を唱えました。そういう特別な言葉にはこのようなものがあります。「天晴れ（この晴天の下に）あな面白（すべてのことに対して興味を持つ）あな手伸し（いつも楽しみにして頑張る）あな開け（明るい気持ちで）」というような言葉です。あとは皆が集まって大きな声で「天皇陛下、弥栄、弥栄、弥栄」と言います。そして三回目にこうやって手を頭の上にあげたまま「い・や・さ・か」とゆっくり歌いました。そして最後に手をたたきながら「おけ」と言います。このような言葉は古語拾遺と言われ、昔、さむらいたちが誓いの言葉として使ったものでした。一九三〇年代には聞きなれない珍しい言葉となっていましたが、特別な歴史的意味があったので、こういう言葉は義勇軍のスローガンのようになりました。

朝の集まりでは、大人たちが子どもたちに植え付けようとした価値観が強調され、政府が何故少年たちに満州にいてほしいのか、という理由付けがされました。教えられたとおりに声をそろえてモットーを言う少年たちを、大人たちは満足げに眺めました。日本の医療研究者チームは、太陽の光が朝の清々しい土地を照らし日本の国旗が高く風になびいている中、一五歳位の若い少年たちが熱心に「いやさか」という掛け声をあげる姿に感心したことを書き記しています。

五　満州へ

三か月の訓練が終わると、少年たちは満州へ行く前に一時的に故郷に帰りました。目的のひとつには当然、両親に別れを告げることがありましたが、もうひとつの目的は学校の先生に感謝の気持ちを表明することでした。子どもたちは故郷に戻ると周りの大人から、彼らの旅に関してたくさんの素晴らしい話を聞きました。例えば「頑張って。国のために満州に行って冒険するのは素晴らしいことですよ」というふうに言われていたのです。故郷では親戚と一緒にこういう写真を撮りました（図7）。昭和時代の農村のハイファッションでしょう。こういう日本らしい夏の浴衣と海外からの帽子、後ろの人は靴から帽子まで洋装です。この写真は先生たちと一緒のものです（図8）。当時の農村の学校の先生というのは、今でいうテレビやインターネットのような役割をもっていました。先生は村の外の広い世界のいろいろなことを説明してくれる存在だったからです。例えば国際状況、国のこ

図7　親戚とのお別れ記念写真

図8　出発時、学校の先生と

と、日本の歴史、いろいろなものの意味などを子どもたちに教えてくれました。そういうわけで先生は特別な立場であるとされ、重要な役割があったのです。

義勇軍に入った少年たちは一四～一五歳でした。義勇軍の規則によって、募集する年齢は一五歳から一九歳、あるいは二〇歳ぐらいと変化がありましたが、だいたいそれぐらいの少年を募集しました。けれども実際に一番多かったのは一四～一五歳の少年でした。あるいは学校を卒業したばかりの子どもも多くいました。これは満州に行く前に撮られた写真で、軍服を着た少年です（図９）。戦闘帽、カーキ色の上着、そしてゲートル。彼は棒を持っていますが、満州に行ったらその棒の代わりに小銃を持ちます。この写真は雰囲気からいうと神社で撮られたのだと思います。たぶん彼は満州に行く前に両親と一緒に神社に行って写真を撮った。子どもたちはこういう軍服を着る時に「虎やん」という言葉をよく使いました。その意味は「素敵」、「男らしいですよ、君」ということ。「虎やん、虎やん」と言うのです。子どもたちは満州大陸に行く前にたいてい行進をしました。音楽があって、この写真のように親戚と先生たちがいて、町の人たちも集まりました（図10）。

少年たちは冒険心と任務に対する責任感と共

図９　出発時の軍服姿の少年

図10　満蒙へ出発前の行進

図11　列車での出発。子供達の表情に不安感と悲痛感も

に、深刻さと神妙な気持ちを抱いていました。愛国的な気持ちもあったかと思います。遠く離れた土地で新しく拡大しつつある帝国における、少年たちの、天皇と国家のための労働の日々が始まろうとしていました。仕方なく少年たちは列車に乗って、最後に両親の顔を見ました（図11）。子どもたちは三年間満州に行く。三年間のうちに故郷に帰るチャンスはあまりないかも知れない。両親ともう一度会うことはないかも知れない。一四、一五、一六歳の少年にとって三年間両親から離れるのはたいへんなことです。この少年たちの顔をよくご覧になってください。不安がいっぱいの顔です。楽しそうではありませんね。悲しそうで、かわいそうです。

この辺で満州に行く道を一応説明したいと思います。まずだいたい皆、新潟から船で北朝鮮の清津《チョンチン》というところに行きました。清津からは列車で満州の大都市、奉天か哈爾浜に行きました。そして満州の大きな都市からトラックで訓練所に行きました。長い道でした。これが大陸に行く船ですが、もちろん少年たちが過ごすキャビンがあって、荷物もたくさん載せられる船でした（図12）。東京の少し北、茨城県や新潟から清津へ、清津から奉天か哈爾浜への長い道のりです。

義勇軍の子どもたちがアジア大陸を初めて垣間見た時、彼らは恐れと不安を抱いたことでしょう。冬に到着した少年たちは、海に浮く大きな氷の塊が鈍い音を立てて彼らの乗った船の壁にぶつかるのを生まれてはじめて見て、ぎょっとしたことでしょう。驚いた少年の中にはその氷が危険な氷山の一片だと思った者もいたことと思います。船が本土に近づくと、朝鮮沿岸付近の、ほんのりと雪をかぶったぼやけた泥の色をした丘が見えました。夏に到着した少年たちは、満州の空気が日本の空気に比べてずっと

図12　満州へ出航

図13　トラックで大訓練所へ

乾いていることにすぐ気づいたことと思います。

私はこのテーマの研究中、義勇軍の一員として満州へ行った何人もの人と会ってインタビューしました。彼らのうちの多くが、日本の気候と中国東北部の気候がどれだけ違い、満州の厳しい気候がどれだけ大変だったかという話をしていました。例えば日本には山があって緑もいっぱいあります。雨がよく降り、温暖で、それほど寒い気候のところはありません。逆に満州には広い草原があり、広大な平野があり、厳しい自然がありました。そこではシベリア渡りの寒風がよく吹いて、冬に入るとずいぶん寒くなる。子どもたちの満州での冒険の始まりは満州に向かう道のりであり、その最終段階はトラックで大訓練所に行く過程でした。これは大訓練所に向かうトラックの写真です（図13）。こういう広大な大地は日本の国内には全く見られません。少年たちは間違いなく新しい環境にやってきました。そして、これはいよいよ新しい訓練所に入って、日の丸を掲げる写真です（図14）。

少年たちを乗せたバスやトラックが訓練所に

図14　到着した訓練所で日の丸をあげる

到着すると、少年たちは自分たちの新しい住まいとなる訓練所を見て回りました。義勇軍の訓練所のほとんどは丘もなく、木で覆われていることもない、平らで何もないような場所に建てられていました。訓練所の中にはなだらかに起伏した丘の上に建てられたものや、果樹園のある訓練所もありましたが、そういう訓練所は例外でした。訓練所の建物はだいたい灰色がかった白やカーキ色をしていて、大通りから少し入った所にある入り口の奥にきれいに並んで建っていました。訓練所はどこも同じような建物でした。運営本部、診療所を併設した校舎、食堂と厨房、二〇人ほどの少年たちが一緒に入れるほどの深い風呂場、そしてトラクターや農具、家畜などのための物置や納屋がありました。哈爾浜の特別訓練所のような大規模な訓練所には、製パン所、小さな鋳造場、製粉機というような特別な施設もありました。すべての訓練所の建物は平屋か二階建ての低い建物で、隊の名前や建物の名前が太い黒字で書かれた木製の看板のみがかけられた飾り気のないものでした。

訓練所に着くと少年たちには兵舎が割り当てられ、少年たちはそれぞれの兵舎でたくさんの時間を過ごすことになります。兵舎は近くに住む中国人の家と似ていて、質素で単純なつくりになっていましたが、この地方の厳しい気候から少年たちを守ってくれるものでした。そこでの暮らしは非常に厳しいものでしたが、少年たちが日本で住んでいた家と大差はなかったことと思います。兵舎は細長いつくりになっていて、両側にはドアがありました。壁は厚く、窓は比較的小さい。窓はガラスと紙の二層になっていました。梁は木でできていて、壁は日干し煉瓦でできていました。日干し煉瓦は安く作ることができ、少年たち自身によっても作れるようなものでしたが、この地方の厳しい気候の中では常に注意を払う必要がありました。例えば、寒い冬の数か月の間には日干し煉瓦は焼成煉瓦のように固くなり、できた隙間からは凍るような冷たい空気が兵舎の中に勢いよく吹き込んでくるのでした。雨期には壁が湿度を含むため、暑く乾燥する七月や八月に煉瓦の表面が割れてくるまで、室内が湿っぽいままなのでした。それでもこのような壁はこの地方に住む中国人の農家でも使われていたもので、厚く作ればシベリアから吹いて来る風から人々を守ってくれるものでした。

兵舎の窓は数フィートごとに据え付けられていて、あまり大きいものではありませんでした。ガラスの板と油紙で包まれた枠という二つの部分でできた、シベリアでよく使われた二重窓に似ていました。目的をきちんと果たす事のない兵舎の屋根に向かって少年は誰でも、一度か二度は悪態をついた事があるのではないかと思います。隙間風を減らし冬には兵舎室内の温度を保つため、垂木の下には金属の網がおかれ、その上に紙が敷かれていました。しかし、長い冬にその紙はいくらかの風よけになることはあっても、室温を保つためには何の役にも立ちませんでした。紙は落ちて来てばかりいて、雨がふると屋根は雨漏りし、紙をすぐに濡らしてしまうのでした。少年たちにとって、雨期、朝に起きるとだらりとした天井のいくつものところから雨水が落ちて来るのを見るのは気持ちのいいものではなかったことでしょう。

義勇軍と近くに住む中国人との関係はどんなものだったのでしょう。義勇軍として満州に行った人たちは、素晴らしい関係だったと僕に教えてくれました。例えば中国の農民が病気になった子どもを訓練所に連れてくると、義勇軍の医者が無料で子どもを診て薬を渡したというのです。あるいは中国人の祭日には農民がおいしい食べ物を作って義勇軍の少年たちに渡してくれたといいます。けれどもいろいろな資料を読んでみると、義勇軍と近辺の中国人との関係にはもうひとつの側面があったことが分かります。

もともと、義勇軍がいた場所というのは日本人の植民者が中国人の農民から完全に奪ったものもあり、そうでなければ満州拓殖公社が市場価格より遥かに低い値段で土地を買い取ったものでした。要するに、中国人のものだった土地から、関東軍は「この土地が大訓練所を作るために必要だ」と言って中国人を追い出していたのです。ちなみに満州拓殖公社というのは一九三七年に日本の中国における植民化のために設立された半官半民の会社です。

このような状況で義勇軍が新しい土地に住み着き訓練所を始めたものですから、その周りの村に住んでいた中国人は新しい日本人の隣人たちをよく思っていませんでした。建前としては少年たちが自分たちの手で訓練所を建てるということになっていましたが、実際には中国人の労働者たちが建物を建てるはじめの段階でかり出されました。一段落着くと中国人労働者を使う頻度は減り、少年たち自身で工事を進めるのでした。近くに住む中国人は基本的に義勇軍のことを好意的には思っておらず、そこには複雑な関係があったのでした。このような二つの側面があると思います。

六　義勇軍での暮らし

次に義勇軍での暮らしについてお話ししたいと思います。この写真は防寒工作の様子です（図15）。

子どもたちは寒い風が心配で、土を積み上げています。兵舎の中には壁に付ける、中国語で言う「カン」（炕）というものがありました。プラットフォームの上には畳があって、そこで子どもたちは寝たり勉強したりしていました。本を読んだり手紙を書いたりするのもここでした。プラットフォームの下には韓国でよく使われているオンドルが入っていました。オンドルというのはひとつの壁にストーブがあって、プラットフォームの下にパイプがあり、パイプにお湯を通して逆の壁から煙を出すものです。彼らが語った思い出の中に、「プラットフォームの暖かいオンドルのところで寝るのはとても気持ちがよかった」という話があります。これは普通の兵舎の中の写真です。廊下をご覧ください。散歩で歩くところですが、プラットフォームがあって畳があって、この辺りに子どもの布団があります。そして一番上に荷物を置きます。

少年たちが寝起きし生活するプラットフォームが暖められ、寒さの厳しい冬の間も暖かかったことは唯一の救いだったと言えるでしょう。兵舎の中は寒くても、少年たちはきっと毛布にくるまってあたたかな床に座り暖をとっていたことと思

図15　防寒作業

います。あたたかな床で眠りに落ちるのは心地よいものです。こうした床暖房のおかげで限られた燃料でも兵舎をあたたかく保つ事ができたのです。プラットフォームの土台となる煉瓦は油紙で包まれ、その上には藁でできた敷物がありました。この敷物は少年たちが日本の家で使っていた畳にもどこか似た所がありました。

もちろんたまには起きると、兵舎の中の空気が冷たく部屋中が煙でいっぱいになっているということもありました。けれども日本で貧しい暮らしをしていた少年たちにとって、少し冷たい空気や煙が入ってくることは特別問題ではない。子どもたちにとって、このような兵舎に住むことは平気でした。もう一枚兵舎の中の写真があります（図16）。手前はたぶん勉強用の机です。あとは畳のプラットフォームと布団、一番上には荷物が見えます。

訓練所での日常の快適でない暮らしを、少年たちは比較的難なく切り抜けていきました。はじめから、中国内陸東北部での暮らしをピクニックのように楽しいものだ

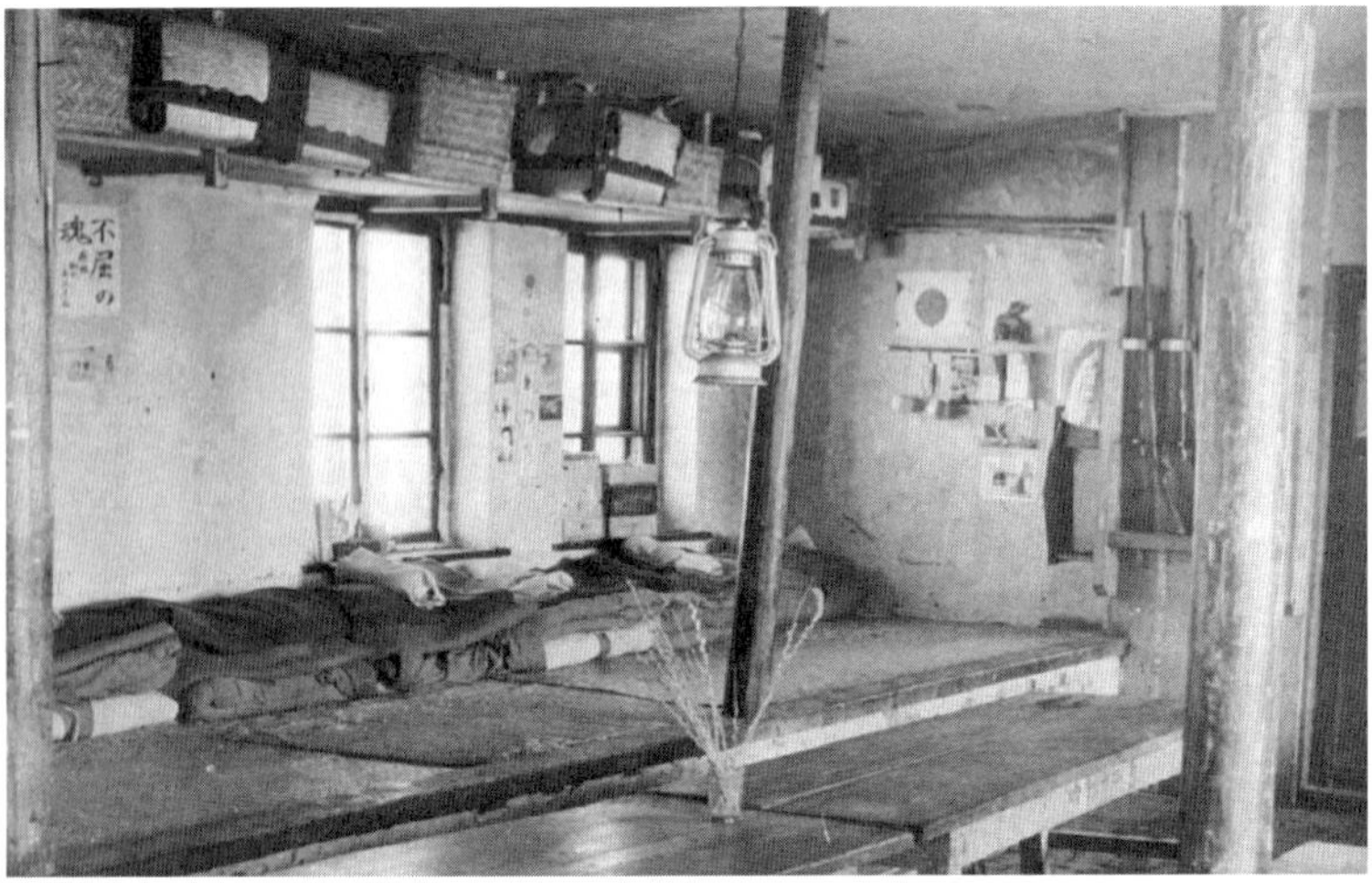

図16　宿舎の内部

と思っていた少年はいませんでしたし、義勇軍に参加することを志願した少年たちは、きつい労働や原始期的な暮らしも予想していました。それでも少年たちが慣れなくてはならなかった不快な事はいくつかあり、その中にはおかしな味のする水を飲むことがありました。きちんと作られていなかった井戸には地上近くの汚い水が入り込んでしまったり、バケツを引き上げるために使われたロープに雑菌が繁殖してしまう事があったのです。このような井戸は可能な限り金属でできたポンプに変えられ、それによって水の味は断然よくなりました。幹部たちは、少年たちの体がこの土地の地下水に慣れるまでは下痢をしたり、腹痛になったりするだろうとあらかじめ予想していました。

少年たちの生活はほとんど外での農業生活でした。少年たちには一人につき二町歩（約四・五エーカー）の土地が割り当てられ、彼らは四月の雪解けから厚い霜の降りる一〇月までそこで働きました。その他の仕事としては家畜や鶏の世話、工事や修理の助手としての仕事もありました。訓練所の周りの警備も少年たちが交代で行いました。公式には週六日で合計三六時間の労働時間という発表がありますが、少年たちはそのうち最低でも一八時間、最高で二六時間以上を野外での労働に費やしていました。

少年たちは健康的な生活を送っていました。自分の食べ物を自分の手で育てることを農村出身の少年たちは当然のことだと思っていましたし、労働があっても構わないと思っていたでしょう。その頃の少年たちの写真を見れば、皆、健康的な体をしていることが分かります。例えばこの彼、彼は楽しそうな顔をしていますね。健康な少年でしょう（図17）。戦争状況が厳しくなった一九四三年、一九四四年頃からは食べ物が足りなくなったので、このような元気そうな少年が見られたかどうかは分かりません。

けれども最初の五年間は元気な子どもがよく見られました。

　この写真の二人も元気そうな体をしていますが、ここで重要なポイントは二人が友達同士だということです（図18）。子どもたちは新しい世界に入って、知らない人たちと一緒に住みました。誰かと友達になったらそういう関係は非常に重要だったと思います。農業の生活はもちろん共同的な協力作業の面が強かった。子どもたちは自分たちの社会を作っていたのです。もうひとつは、一緒に働く中で、一緒に遊んでいた面もあるのではないかということです（図19）。もちろん仕事ですけれども、遊ぶ面も入っている。例えばこの四人、動物と一緒に（人馬合作）播種作業をしていて楽しそうに働いています。一日中こういう仕事をやっていたら、やっぱり遊びの面もあるのではないかと私は思います。

　義勇軍の規則には毎日充分な量の食べ物を提供するということがありました。義勇軍をしきっていた大人たちは少年一人当たり一日三、二五〇キロカロリーの食べ物を与えるようにしていて、一九三〇年

図17　収穫された大豆と少年

代、一九四〇年代に撮られた義勇軍の写真には丈夫で健康そうな男の子たちの姿が見られます。それでも少年たちの多くは慣れない食事や変化に乏しいメニューに慣れなければなりませんでした。北日本出身の子どもたちは、主食の量を増やすために雑穀を米に混ぜて食べる事に慣れていましたが、京都や大阪などの西日本出身の子どもたち、また白米を食べ

図18　鍬をもった２人の笑顔の少年

図19　馬耕する少年たち

る事に慣れていた子どもたちは、高粱という麦の一種や乾燥栗の入ったご飯に慣れる必要がありました。子どもたちは味噌汁を喜んで食べましたが、普段は味噌汁ではなく酸っぱいスープに芋やいろいろな植物の芽が入ったものを食べることの方が多かったです。あまりのまずさに、野草やほかの植物を混ぜて食べることを試してみる子どももいるほどでした。結果はほとんどの場合、苦いスープを食べて腹痛を起こすという失敗に終わったのですが。

しかし、中国東北の土地は肥沃でした。植物や動物も豊富でした。満州の澄んだ水の冷たい小川や湖ではたくさんの魚が獲れ、少年たちのほとんどは魚を喜んで食べました。午後、少年たちが釣りに行くとたくさんの魚が獲れ、そういう運のいい中隊は晩ご飯に塩味の焼き魚を味わうことができました。多くの訓練所には豚やアヒル、鶏がいたので、少年たちはそのようなものを食べることもできました。中には乳牛のいる訓練所もありました。食肉用の羊を飼う訓練所もありました。狩りに行けば、野鳥や野兎も捕まえることができました。特に兎狩りは大成功でした。この面白いポイントは、少年たちの持っているのが小銃ではなく棒だということです。これは、兎が本当にたくさんいたため、銃を使わなくても棒でたたいて捕まえることができたからです。兎はあっちこっちに逃げるので、近くに来たら一発たたくというふうにして狩っていたといいます。

さらによかったのは、夏、肥沃な土地で穫れる野菜や果物でした。義勇軍は必要なカロリーもきちんと計算して食事を用意しましたが、義勇軍の提供する食べ物以外に新鮮な農産物がありました。農産物にはお米、豆、芋、西瓜、粟、林檎、玉葱、独活、トマトなどがありました。訓練所の中には農園をもつものもあり、そこでは中国の東北地方や韓国で好んで食べられるみずみずしい林檎を栽培していました。ほとんどの訓練所はキャベツやアスパラガス、ビーンズ（豆）や青豆などを育てていました。暑い夏にはたくさんのトマトや西瓜、メロンが穫れました。訓練所の中には朝鮮人参を育てるところもあったり、ブドウを育ててレーズンを作るところもありました。このように作物のよく穫れる非常にいいところで、生活もよいものでした。その時の写真をご覧になれば、みんな楽しそうにしているのが分かります（図20）。この後ろの人は加藤完治かも知れません。生活は比較的簡単です。生活にはいろいろな楽しい面もあったのです。

学校教育を続けるためそれに値するものを与えるという意味で、野外での労働のほかに、週に何時間もの勉強をすることも少年たちに課せられていたことでした。各訓練所には指導員と呼ばれる授業を受け持つ教師がいて、中学校から高校レベルの歴史、地理、数学、社会、国語、文学、習字、農業論などの教科が教えられました。週に約一四

図20　収穫物を前にした少年たち

時間がこのような勉強の時間に割り当てられていました。義勇軍に入る子どもたちはだいたい現在の中学校の低学年の年頃で、戦前の学校制度からいうと、一四歳から一五歳の子どもは小学校高等科（高等小学校）を卒業したばかりとなります。義勇軍にいた少年たちの中には、そこで受けた教育のレベルが低かったために戦後仕事を見つけるのが困難だった人もいました。それを受けて日本政府は一九五二年、義勇軍に三年間いた人たちに高校を卒業したのと同じ意味を持つ卒業証書を発行しました。

義勇軍で教えられた教科のうちには中国語もありましたが、これは日本政府がプロパガンダの一環で「満州語」と呼ばせていたものでした。中国語を母国語とする人が教師として各訓練所で雇われていましたが、きまりとして少年たちは週に一、二時間しか中国語の勉強に費やすことができませんでした。三年経ってもほとんどの少年たちが片言の中国語しか話す事ができなかったのは、中国語教育にきわめて限られた時間しか与えられていなかったことによります。そして、これは一九七〇年代に元義勇軍員の何人かが私に伝えた満州での日本人と中国人の協力関係のイメージと矛盾するものでした。少年たちはほとんどの時間を訓練所の中で過ごすか、畑でほかの日本人たちと一緒に働いていたのです。

七　軍事訓練

子どもたちの日常生活にはもうひとつの側面がありました。義勇軍訓練所での暮らしは多くの少年たちにとって辛いものでもあったのです。少年たちは、日本の冬にはない満州の冬の氷点下の気温と凍てつくような冷たい風に慣れるのに苦しみ、遠くに住む親や兄弟のことを思い出して寂しく思っていました。彼らの中には訓練所の中で求められる厳しい生活に耐えられない者もいました。相談にのってくれる大人や、辛いときに理解してくれる大人がいないことは多くの少年たちにとっても耐え難いことでした。

子どもたちにとって厳しかったことのうちに軍事訓練がありました。これはもちろん軍服を着て行いました。義勇軍には国境を防衛する目的があり、義勇軍のトップの幹部は関東軍の士官でした。例えば写真の彼をご覧ください（図21）。彼は訓練本部長の陸軍中将井上政吉です。井上中将のこの顔を見たら、やっぱりふざけたことはやらないほうがいいんじゃないかと思うでしょう。厳しい面があると思います。彼は軍事的な意見を代表する人物でした。

子どもたちは軍事的な生活の中で、いろいろな苦しい気持ちを経験しました。その中でも一番辛かったのがホームシックでした。子どもたちは故郷から離れ、故郷を思い出します。両親、兄弟が思い出され、涙が流れて止まりませんでした。記録によれば、ある者は両親の写真を出して眺め、ある者はうちから持ってきた座布団

図21　訓練本部長・陸軍中将の井上政吉

に顔を埋める、とあります。子どもたちの発表した思い出の記録の中には、寝る前に一番よく聞こえるのが兵舎の中で誰かが泣いている声だったといいます。泣いている子どもたちはたくさんいました。

ホームシックの次の段階は自閉症状でした。精神的に自分の内部に閉じこもる。話したくない、遊びたくない、周りの人と関係したくない、という状態になるのです。鬱になったり、ホームシックに苦しむ少年たちはたいてい訓練所での暮らしに興味を失い、物憂げでやる気なく無関心な態度で仕事をしたので、それが事故につながったこともあったかもしれません。訓練所の中にはトラクターやトラックの不注意運転からなる事故や、不注意な銃器の扱い方による怪我を報告しているところがいくつもあります。一九四〇年三月にはハルビンの訓練所で火事が起こり、手をつけられない状況にまでなって兵舎が焼け落ちるということもありました。

鬱になった子どもたちはふさぎこみ、何もしたくなくなります。遊ぶことも、人と話すことも、働くことも、訓練も嫌になり、エネルギーがまったくなくなるのです。そういう少年は一日中宿舎で寝ていました。逆に苦しさを外に向かって発散させた少年もいました。特に不満がある少年はその不満を外の世界へ向け、攻撃的になっていきました。警察の資料や医師の資料を調べると、このようなケースがいくつか見られます。例えばある少年は外で誰も聞こえないところに立って「ああ、もう我慢できない！」と大声で叫ぶのです。あるいは鍬を持って地面を何回も打つ。「だめ、だめ、大嫌い！　大嫌い！」と言いながら、野原に火を付けるケースもありました。この放火は吉山鉄道自警村の当時一七歳だった小山三郎が起こしたもので、義勇軍から離れてうちに帰りたかった彼は幹部に解雇してほしいと頼んでいました。しかし幹部は許さなかった。それで放火事件を起こしたのでした。

一九三九年八月には、嫩江大訓練所で当時一九歳の少年が毒物事件を起こしました。彼は理解のない義勇軍の雰囲気が嫌になって、相手の食べ物に毒物を入れ、その結果二〇〇数名の少年たちが病気になりました。ほかには、二一人の少年たちが窃盗団を作り、義勇軍の物を盗んで近くの中国の村で売るという事件がありました。もっとひどい自殺のケースもありました。自殺の数がどのぐらいあるかは特に調べていないので分かりませんが、たくさんの資料があると思います。一九三九年九月には孫呉訓練所で一九歳の人が自分の軍銃で自殺しました。彼は自殺する前に、ノートに自殺の理由として、幹部からの圧力を受けて我慢できなかったということを書いていました。

一九三九年八月には他にも、不満を持った少年たちが嫩江大訓練所で幹部を攻撃して投石するケースがありました。五名の少年たちが兵舎の中のガラスを割り、幹部を攻撃しました。一九四〇年の元旦に起こった三井子小訓練所では、二五名の少年たちがいろいろな物を壊し、幹部たちを攻撃して負傷させました。幹部のうち一人は入院して二か月間の治療を受けました。子どもたちが暴力をふるった原因は三つあって、一つは冬の軍服を頼んでいたのに幹部たちが用意しなかったこと、二番目は子どもたちは幹部の軍服や下着も洗うことになっていて、それを拒否すると幹部に殴られたこと、そして三番目は、幹部たちが夜遅くまで酒を飲んで次の日の朝礼に参加しなかったことでした。そのような状況なのに自分たちは参加しなければならなかったことに腹を立てていたのです。そういったいろいろな理由が暴力事件につながりました。

少年たちは日本で大人たちに言われてきたこと、満州での生活を通して、いろいろなことを見て考えました。やはり大人の社会では皆、いいことだけを言います。日本にいた時は「満州に行くのはいいことですよ」、「素晴らしい冒険になりますよ」と、そういう言葉をよく聞きました。ですけれども現地の日常の生活でいろいろな問題を見て、なぜ前に聞いた話と違うのか、やっぱり大人たちの少年たちに対する欺瞞だ、嘘をついたのだ、大人たちは信じられない、そういうふうに感じたのだと思います。

例えば加藤完治は「天皇のために、国家のために、満州へ行けば素晴らしい冒険がある」とよく言いました。あるいは皆さんよくご存じだと思いますが、戦争の前に学校の先生は毎日生徒の前に立って愛国的な話をしました。「生きるのも死ぬのも国のため、天皇のため」という話をいっぱいしました。そして子どもたちはそれを信じました。そういう時に農村に住む少年たちはそれに反対する考え方を聞いたでしょうか。たぶん聞かなかったと思います。国体に関する考え方、愛国的なものばかり聞いていました。子どもたちはそういう大人の話を聞いて、満州へ行けば天国のような生活があると思いましたが、実際にはとてもひどいものだったのです。少年たちが達した結論は「大人は人を騙す」というものでした。少年の一番身近にいた大人、少年たちにとって最悪の大人は幹部たちでした。

義勇軍の中心となる部隊は約三〇〇人の少年からなる中隊で、それぞれの中隊は義勇軍の仕事をすることを契約して給料を受け取っていた大人の幹部によって率いられていました。これらの幹部は元教師や予備兵の団体のメンバーであったと思われます。中隊は六〇人の少年からなる小隊によって構成されていました。小隊のリーダーはほかの子どもたちより少し年上の少年でした。小隊の中には一五から二〇人の少年からなる班がありました。大隊は約一、八〇〇人の少年たちで構成されていて、大規模の訓練所の中にありました。大隊は義勇軍運営のためのものだったため、少年たちにとっては中隊の方が重要だと考えられていました。中隊は一単位としてそれぞれに訓練所が割り当てられていました。それぞれの中隊には名前か番号がついていて、同じ兵舎でまとまって生活していました。少年たちが自分が誰かと言う時、大抵、彼らはまず訓練所の名前を言い、そして隊の名前を言いました。

これは勃利大訓練所の正門です（図22）。これをご覧になったら、日常生活が間違いなく軍隊のような雰囲気の中で行われていたことが分かると思います。実は義勇軍は満州に行く時に名前が少し変わっているんです。「軍」に代えて「隊」という漢字を使いました。なぜならもし「軍」という字が入った名前の団体が入ってきたら中国人は絶対反対するということを、関東軍は分かっていたからです。それで名前を少し変えて、この看板にあるように「義勇隊」という言葉を使いました。

彼ら、幹部の顔をもう一度ご覧になってください（図23）。この幹部たちが子どもたちと遊ぶことに興味がなかったことは、顔を見るだけでもはっきり分かるでしょう。軍事的な面がちゃんと見えると思います。幹部たちはもちろん軍隊の訓練を守りました。規則を守りました。そして皆、関東軍に関係のある人でした。そして幹部が子どもたちに与えるもうひとつのものは圧迫です。圧迫というのは虐待の制度でした。日本政府は、義勇軍は日本の軍と同じように組織され運営されるべきだという考えを持っていたため、義勇軍は日本軍のようなきわめて厳しい階級組織で組織されていました。各訓練所には何人もの経営担当の幹事や諮問役の幹事がいて、軍の基地の本部でなされるのと同じような役割を果たし

図22　勃利大訓練所の正門

図23　小隊の幹部たち

ていました。訓練所長、準指揮官、総務責任官、指導教官、保健担当官というような人たちです。

このような幹部たちの下には、勉強を教える教師、農業の指導をする者、家畜の世話を教える者など訓練所のさまざまな活動を指導する指導員がいました。各訓練所には少なくとも医師と看護士が一人ずついました。これらの人たちは満州拓殖公社に雇われていて、給料の半分を公社から、残りの半分を満州国政府から受け取っていました。三、〇〇〇人もの少年がいた大規模の訓練所では本部の幹部だけでも七〇人いたと思われます。

少年たちは皆、厳格な教師と軍曹の役割を果したこのような幹部たちの権限下にありましたが、その中でも少年たちが接することが最も多かった幹部は中隊長でした。三〇〇人の少年たちからなる中隊にはそれぞれ中隊長がいて、中隊内での行動の責任者は二、三人の中隊長助手でした。中隊長は年上の少年などではなく大人の男性で、実務上でも象徴としても隊のリーダー、また引率者の役を負っていました。小隊や班の隊長は年長の少年でしたが中隊長は一般幹部で、少年たちが大人の世界の不正さを激しく非難するとき、中隊長は義勇軍の権力者の代表としてそれに対応するのでした。

その頃日本の帝国陸軍の中にはいろいろな虐待の制度がありました。日本の軍隊においては、ひとつでも階級が上ならば部下に対して絶対的権力を持ちました。義勇軍は残念ながらその悪しき伝統を受け継いでいました。義勇軍では一日でも早く入所したものが先輩でした。

先輩と後輩というのは、少年たちが着ている軍服の色からも分かりました。彼らは訓練所に入る時にきれいなカーキ色の軍服を着ますが、軍服は何回も洗うと色褪せて白っぽくなるので、白っぽい軍服を着ているのは先輩というわけです。少年たちは厳しい虐待の制度のあるところに入り、そこでは軍服の色で、すぐ先輩と後輩が区別されていたのです。軍服を見れば「あ、先輩だ」と分かるのです。そういう意味で子どもたちはかわいそうでした。

先輩は後輩にどのような暴力も使うことができました。先輩は後輩に対して「つぶて」という言葉を使いました。「君はつぶてだよ」というのです。「つぶて」とは小さいもの、力のないもの、意味のないもののことです。それで後輩たちに「君ら、つぶて」という言葉をよく使いました。先輩は後輩に対してやりたいことを何でもやったのです。かわいそうに子どもたちは虐待される人になって、いじめられながら暮らしていました。

当然のことながら、年少の少年たちは自分たちのことをいいように使う先輩たちのことを不快に思っていて、先輩たちをできるだけ避けて通ろうとしていました。先輩の少年たちは後輩たちをさらにいじめ、後輩たちと喧嘩する機会をいつも狙っていました。カッとした少年たちがののしりあい、脅しあいを始めると、年少と年長の少年たちの間で行われた喧嘩はエスカレートして凄まじい対決になることもありました。少年一人が木の棒やナイフをつかむと、ほかの少年たちも武器を手にするので、幹部たちは持ち得る権力を振りかざし、喧嘩をやめるよう必死になって少年たちを説得するのでした。少年たちの中には口論や喧嘩の真っ最中に相手に向かってライフルを撃つ者もありました。そういうわけで、このような喧嘩によるナイフでの怪我や大きなあざなどは日常茶飯事だったのです。

八　昌図事件

次に一九三九年五月の昌図事件の話をします。昌図という街は奉天市から北、満州国の首都新京（前の長春市）から南にいったところにあり、この三つの街は満鉄の鉄道の近くにありました。事件が起こった昌図大訓練所では二つの中隊が対立していがみあっていました。中隊と中隊とが衝突して銃を撃ち合い、結果として三人の死亡者と五人の負傷者を出した事件です。しかしこの事件は関東軍の出した「報道禁止命令」のため、日本内地には伝えられませんでした。

事件の発端は運動会でした。関東軍の人は運動会が本当に好きでした。運動会はすべての訓練所で行われていて、運動のトレーニングのためにまわっていた関東軍の将校によって組織、監督されていました。体力や運動能力は若さを象徴する美であるとされ、少年たちにも少年たちを監督する大人たちにもその価値を評価されていました。そして、それは男であること、国に仕えることの儀式のひとつでもあったのでした。運動を通して健康的な体を作ることが目指され、運動会は男らしいことだと思われていました。このような運動会で行われたものの例としては少年相撲があります。写真のここに見える大人は関東軍の人でしょう（図24）。運動会にはそれ以外にも体操、剣道、競走、野球と、いろいろな競技がありました。

しかし、運動会は楽しいだけの行事ではありませんでした。各中隊はそれぞれ対等の立場の子どもたちで構成されていたので、ライバル間の争いは、たいてい年上の少年のいる中隊と、年下の少年の中隊の間で起こりました。年少の子どもたちが年長の子どもたちに対して復讐する方法としては、運動会で年長組に勝つという方法がありました。運動会や運動での競争は、健康促進という意味でも義勇軍での楽しみのひとつとしても幹部によって推奨されていましたが、実際には年少組にとっては単なる楽しみというよりも年長組に挑戦する絶好の機会であり、ライバル同士の競争の場と化していたため、運動会の後に起こった喧嘩によってけが人が出る事もありました。

この年、幹部は五月五日の端午の節句に運動会を開きましたが、そこで優勝したのは後輩の第一一中隊でした。そしてこの運動会で負けたのは先輩の第二二中隊でした。彼らはもちろん途中まで点数を多くとっていたのですが、最後の段階で後輩が幹部たちに助けられてポイントを入れ、優勝したのです。先輩たちの間では「我々が先輩なんだから、我々が優勝するはずだ」という話になりました。運動会が終わると、「やっ

図24　運動会の少年相撲

ぱり先輩たちが優勝するはずじゃないか」という意見を言う幹部もでてきました。そういうことを背景に、次の日にトラブルになって二つの中隊が対立し、いろいろな暴力事件が起きたのです。

まず次の日になって先輩たちが「優勝旗が欲しい。後輩たちにはやらない」と言い出し、それで暴力をともなう喧嘩になった。それに加えて訓練所長が「やっぱり先輩たちが優勝するはずじゃないか」という意見を出したので、後輩たちが「許せない」と思ったわけです。後輩たちは、先輩たちが自分たちが先輩であるという理由だけで威張っていることを知っていて、それが習慣になっていることに不満をもっていました。そういう悪しき根を断つためにも、高学年の第二二中隊をこらしめる必要があると後輩たちは決めたのです。

自分たちの手で決着をつけようとした年少の少年たちは、これ以上自分たちをいじめることができないということを年長の少年たちに知らしめるため、年長の少年たちの兵舎に殴りこみをかけることを決めたのでした。七日の夜、後輩たちは警備上番の説明と共に小銃と弾薬を受け取りました。ここからも、軍事面の強い影響がよく分かると思います。警備上番のままで衛兵することは重要な演習の一部でした(図25)。演習の際、子どもたちは集まって小銃を持って警備の練習を始めます。こちらの写真では、少年たちは軍服、軍帽の姿で小銃を手に持っています。ベルトには弾薬筒の入った小さな皮の箱が見え、上着には名札がついています。みんなこのような格好で巡察しました。

映画のように聞こえるかもしれませんが、翌日の八日朝四時頃、少年たちは鍬の柄をとって、短刀を手に取り、小銃を持ちました。二隊に分かれ、第二二中隊の宿舎を包囲しました。一発の銃声を合図に突撃ラッパを吹き鳴らし、全員が喊声をあげて石と煉瓦を窓ガラスめがけて投げました。それから彼らは満州の植物である高粱の茎を取って、出口に放火しました。子どもたちは軍人としての訓練を受けていましたから、たぶんこういう攻撃を始めた時、遊びではなく、相手を殺したいという気持ちだったのでしょう。小銃は簡単に手に入りました。例えば正課教練の写真で見られるように、小銃を持ち、ベルトには弾薬筒を入れるための皮の箱がついています。軍服、軍帽をつけた少年たちは「右へならえ」をしています（図26）。僕が軍隊にいた時も同じでした。これはさっきご覧になった兵舎の写真ですが（図16）、小銃はここにあります。違う兵舎の中の写真でも小銃はここにあります。このように小銃は簡単に手に入りました。

先輩たちの兵舎の中で急に大きな音と銃声がしました。中隊長に「二人が殺された」という知らせがありました。殺されたのは第三小隊のいずれも一七歳の二人でした。名前は鷲見定雄、不破源吉です。死因は頭部貫通銃創で即死

図25　少年の警備兵

でした。放火を知った高学年の中隊長は、兵舎の西側出入口に火が燃え上がるのを見ました。彼は少年たちに銃器の使用を許可し、反撃命令を出しました。反撃が始まってすぐ後輩たちの三人が負傷しました。そのうち一六歳の岡一民は銃弾が腹部を貫通していて出血が止まりませんでした。そのまま衛生部に運ばれ、直ちに腹部を切開しての大腸の縫い合わせ手術を受けましたが、その甲斐なく、その朝九時頃に亡くなりました。

幹部たちの兵舎にもいろいろな騒ぎや暴力の様子が聞こえてくると、幹部は駆けつけて「止めろ、兵舎に戻れ」という命令を出し小銃を取り上げて、やっと事件が終わりました。その間五五分ぐらいでした。仲間たちの怪我の状態を知ったらまた喧嘩がひどくなるのではないかと恐れた訓練所の幹部たちは、近くの日本軍に電話を入れて助けを求めました。

八日の朝九時半頃、満州国軍の機関銃隊約七〇人が到着しました。彼らは機関銃を持って出動し、重要箇所の警備に付きました。日本人将校二名の士官も来ました。日本の憲兵隊も来ました。憲兵隊は一番強力な部隊だったため、

図26　正課の教練

たぶん日本人は今でも「憲兵隊」と聞くと怖い感じがするかも知れません。調査が始まり、全部で二〇〇数名が取り調べられました。その結果一二三名の少年が検束され、奉天第二監獄に拘留されました。この写真は満州国軍です。満州国軍の兵士は中国人で、士官は日本人でした。普通の兵隊はたぶん前の中国軍閥の兵隊でした。一二三名のうち三七名が奉天地方法廷で起訴されました。一九三九年九月、奉天地方法廷で二か月におよぶ裁判が始まりました。起訴された少年の中には先輩と後輩の両方がいました。

裁判が始まって三週間か一か月ほど経った頃、加藤完治本人が特別弁護人の役割で参加することを決めました。彼は自分で参加したいと言ったのです。彼は義勇軍の日常の生活がいかに素晴らしいものであるかを強調していた人物であり、裁判はある意味で加藤完治の方針を批判することでしたから、加藤が裁判に参加したのは当然のことだと思います。義勇軍にいろいろな問題があって自分の考えを批判されるのだから、自分を弁護することが必要だったのです。特別弁護人の役割で裁判に参加した加藤のほかに、満州拓殖公社の理事、生駒高常も加藤と一緒に日本から満州に来ました。

加藤は、帝国建設のためには義勇軍の中に子どもらしい無邪気さと大人の権威を受け入れる姿勢が重要だという考えを持っていて、それを再び強調しようとしていたのでした。しかし、このような考えは少年たちの行動によって正々堂々と異議申し立てされたのです。

加藤が法廷に現れる姿が劇的なものになるであろうことは、はじめから誰もが分かっていたことでしょう。加藤完治が入廷すると被告全員が椅子から立って土下座をしました。すると加藤は声涙ともに下る調子で訴えた。裁判長に向かい、こう言いました。「この生徒たちはみんなこの加藤の教え子で、私の力が至らなかったのです。この子たちを罰せられるならばまず私を罰してからにしてください」。裁判長は被告たちに「今の話を聞いてどう思うか」と訪ねました。最初に立った少年が、「今度の事件は全く自分が悪いのです。どうか自分を一番重い刑にしてください」。次に立った少年が「いや、そうではありません。自分が間違っていたのです。自分が悪くてこんなことになったのです。自分を死刑にして、あとの者を助けてください」。三七名の少年たちがそれぞれ「僕が責任を持ちます。他の子は無罪です。解放してください」と言いました。裁判はこのように非常に劇的なものでした。

この事件の裁判の判決は、被告の少年たち三七名のうち三二名が有罪。科された刑はいずれも有期懲役でした。長くて三年、短い場合は四か月でした。けれどもその年の年末までに全員が釈放されました。関東軍からの圧力、東京中央政府の影響でこの事件は早めに片付けた方がよいと日本側の役員が皆思っていたのです。こうなったことにはいろいろ重要な理由がありましたが、特に大きかったのは満州移民は必要であると考えられており、たくさんの人が満州に行くことが必要だと思われていたことがあります。その目的のためにはこの事件は早く忘れたほうがいい、というわけです。

この裁判では劇的なことがいろいろとありました。私の分析では、少年たちが計画を練ったのだと思います。そこには二つの重要なポイントがあって、ひとつは友達を保護すること。もうひとつは大人の社会に反抗するということです。子どもたちは大人の社会に欺瞞を感じ、虐待の制度に反対する気持ちがありました。そして幹部が嫌いで、友達だけが必要だった。そういう分析から説明できると思います。

九　大人社会に対する抵抗

義勇軍の少年は日本国家のアジア大陸進出を目的として動員された最も若い帝国市民たちでした。教師や幹部、あるいは加藤や東宮などの軍事ナショナリストたちのような権威ある大人たちによって愛国的、国家主義的な理想を吹き込まれ、満州に送られたのです。しかし満州の地で彼ら若者たちを待っていたのは公式のプロパガンダとは全く異なる、新しい土地での厳しい生活という現実でした。そこで彼らはいじめや虐待を経験し、それを拒絶しました。彼らは若く、幼く、大人たちの世界で要求されるような妥協的な態度にあまり染められていません。そして彼らのために大人たちが作り上げた世界にも合わせていくことはしませんでした。彼ら少年たちは自らを欺いた大人たちに対して素早くそして直接的な方法で反乱を起こしたのでした。これが私の分析です。

ある意味で少年たちの計画は大成功をおさめました。その年の年末までに少年たちは皆、釈放されました。釈放されたあとには分散配属されたため、同じ訓練所には帰れませんでした。個人個人であっちこっち、いろいろな訓練所に行きました。三年間の訓練が終わる時、三七名のうちある人は満州国で仕事を見つけ、ある人は国に帰りました。たくさんの人が関東軍に入軍しました。けれども義勇軍と何らかの関係のある仕事を続ける人は全くいませんでした。

加藤の考える愛国心は、義勇軍の中で行われる朝会によく表されていました。声を合わせて歌い、献身と忠誠を誓うボーイスカウトのような誓約で一日を始めるのです。加藤の考えは各訓練所に建てられた神社にも表れていました。神社は故郷の村にあったそれと同じように設置され、そこでは国の祝日や宗教上の祝日に静かに儀式が行われるのでした。加藤は戦後、女子も訓練プログラムに参加することを認めますが、戦前戦中は男子の訓練に的が絞られていました。それぞれの訓練所では少年たちが、男のみの、上下関係の厳しい環境の中で生活していました。彼らの行動は、どこでも男の子たちが集まればしているようなものでした。しごき、いじめ、ランク付け、いたずら、脅し、また喧嘩などです。その一方で若々しいエネルギーと少年たちの勢いによって、彼らは訓練所での苦痛や困難の多くを切り抜けてきました。食べ物や兵舎の文句を言ったりすることはあってもそれはたいてい悪意のないもので、このような問題は義勇軍での暮らしの冒険のうちだというふうに受け入れられていました。ほとんどの少年たちは軍事訓練やライフルを背負うことを楽しみ、そして東宮鉄男の考えのように見張り役としてソビエトとの国境を守ることに貢献しているという感覚をもっていました。東宮が軍の将校であり、義勇軍が政府の拓務省の管轄下にあったということで、少年たちは、自分たちが日本の新しい帝国建設の中で公式の役割をもっているという感覚を持っていました。

その一方で、少年たちが若かったために冒険の中には彼らにとって辛いものもありました。ホームシックはそのうちのひとつです。多くの少年はホームシックに苦しみました。生まれ育った村の外の世界をほとんど知らないまま、一度も家族のもとを離れたことのないような状態で彼らは満州にやってきたのです。一度国を離れると、三年間の奉仕が終わるまでは一度も家族に会うことはできないことを悟りました。はじめは単なるホームシックであったものが、発展して少年自身や訓練所にとって大きな問題になる行動を起こす者もいました。年齢による厳しい上下関係は日本社会でも根深いものでしたが、日本軍の中では神聖なものとまでされていました。そのような状況だったので満州の義勇軍訓練所でも暴力的なしごきが横行していました。さまざまなかたちのいじめは、どこの訓練所でも行われていました。

少年たちの感じていたプレッシャーや矛盾が頂点に達すると、手がつけられない状況にまで至り、一九三九年三月の事件とその裁判という結果になりました。友達の間、また中隊の中での非常に強い絆、そして厳しい上下関係による二つの中隊の敵対関係が、運動会を発端とするこの事件の中で大きな要因になっていました。また、中隊での生活の監督役である幹部等、中隊にいた大人たちのこの事件における役割も大きなものでした。実際、幹部が片方の中隊を贔屓していたという噂によって攻撃が引き起こされたのですし、最終的には攻撃をやめるようにと命令を出したのも幹部でした。

そして昭和二〇年の八月、これも悲劇的な物語の一部です。日本の人にはよく分かると思いますが、今日の中国語の資料に載っているかどうか分かりません。英語でもあまりこの資料はないでしょう。八月に諸方から満州国へ攻め入ってきたソビエト軍が国境線を越えて侵攻してきた地点は、主として満州の東北部、つまり義勇軍訓練所が最も多いところだったのです。

一九三八年から一九四五年までの間に八万六千人以上もの日本の農家出身の少年たちが、吹きさらしの平原にある満州の義勇軍訓練所の中で仲間に囲まれて生活しました。ほとんどの少年たちにとって、植民者としての役割は一九四五年の日本の敗北によって終わりました。一九四五年の大混乱の秋を生き抜き、ソビエト軍に捕まらずにすんだ少年たちは、中国にいたその他大勢の日本人と共に海を渡って日本に戻るため、南満州に向けての旅に出たのでした。戦争が終わった時満州にいた日本人は一五五万人でした。引き揚げ死亡者は一七万六千人でした。そのうち義勇軍員の引き揚げ死亡者は二万四千二百名でした。これは満州で亡くなった少年の写真です（図27）。

十　おわりに

戦後、義勇軍での生活を経験した人たちが自分たちの経験を話し始めたとき、彼らは亡くなった仲間たちを哀悼し、若かったときの冒険を思い出し、自分自身や自分たちの子ども、孫たちに満州で成し遂げようとした事の価値を伝え、再確認するのでした。私は一九七〇年代後半、また一九八〇年代前半にこのような同窓会に出席し、彼らが古い歌を歌い、午

図27　満蒙で死亡した青少年義勇軍の少年たち

内原での拓魂祭の看板

後酒を飲んで過去の話をし、亡くなった仲間たちのことを思ってすすり泣く姿を見ました。

これは七〇年代からの写真ですが、義勇軍として満州に行っていた人たちが集まると拓魂祭が行われました。この看板は内原での拓魂祭のためのものです。私がこの研究をした七〇年代や八〇年代の拓魂祭によく参加しました。この写真は国境を防衛する義勇軍の少年です。ライフルの長さと身長を比べてみてください。少し違う程度です。これはさっきお見せしましたが、子どもが満州に行く直前に神社で撮った写真です。この少年は満州に行ってどうなったでしょうか。

義勇軍の子どもたちは大人の権力者から役割を押し付けられ、大人たちは子どもたちが当時の社会で一般的に受け入れられていた価値観に沿うことを要求しました。大人は、少年たちが当時の考え方を受け身で、または喜んで受け入れる事を要求していたのです。それでも少年たちは単なる被害者ではありませんでした。彼らは自分たちがおかれた公正でない状況に対してもがき、抵抗したのです。満州での暮らしは、ナショナリズムで固められたプロパガンダで語られていたものと全く違うもので、少年たちはその落差に困惑しました。そして彼らは大人によって押し付けられる価値観に対して、できる限りのさまざまな形で抵抗し、反抗したのです。反抗するために、自分たちの強さを最大限に引き出し、その力には自分たち自身でも驚いたものでした。そして多くの場合、このような強さは、仲間の少年たちとのつながりによって引き出されるものでした。この発表が示すように、大人たちによって押し付けられた環境や状況に対しての苛立ちや反抗は、満州での義勇軍訓練所で往々にして見られるものだったのです。

この辺で発表を終わります。ありがとうございました。

馬場　私は愛知大学の東亜同文書院大学記念センターの運営委員をやっております馬場と申します。昨日は別の場所で司会をやっておりました。今日もまた出てきて、一部の方は「またあいつが出てきたか」と思われているかも知れません。

スレスキー先生のお話の中の満蒙開拓青少年義勇軍ですが、年齢は「数え」で出ているかと思います。満年齢にするとだいたい今の高校生と同じぐらいの年です。今日ご参加いただいたのは中国の先生方を除くと、どちらかと言うと「老・中」で、「青」という方は少ないようですのでお分かりの方が多いと思いますけれども、いわば高校生の世代で、しかも満蒙開拓青少年義勇軍は何のために置かれたかと言うと、満州の国境地帯においてソ連軍の侵略に備えるというのが目的であったわけです。ところがいざ実際にソ連軍が入ってきたら、ご存じのように関東軍はこれとは別に置かれた民間の満蒙開拓団の移民を見捨てて南下したわけで、作戦を第一に考えた。朝鮮半島のところに国境線を引いて、そこで守ろうとした。従って移民の人たちも義勇軍も置き去りにされている。それが先ほど最後におっしゃっていた二万四千二百人の死者を出したということにつながると思います。

今日のお話を簡単に復習させていただきますと、まず日本の内原での訓練生活の話ですが、例えば「天皇陛下いやさか」なんていうのを私は知らなかったので、アメリカ人の方に教えていただいてたいへん勉強になりました。私も実は中国の近代史を勉強しているんですが、まあ年齢的にはもちろん実際その時代に生きたことはございません。

基本的には義勇軍という体制をとっていた兵舎生活の中身。それから加藤完治のイデオローグとしての思想。「国体」という言葉を使って、戦前の「天照大神」の子孫という天皇をトップとする天皇制の国家制度の維持ということを加藤完治が信じて、しかも若い青少年に対して影響を及ぼし、大陸進出の先兵とする。これも明確にお話があったと思います。それからいざ満州での兵舎生活になると、事前に聞かされていたのとは異なり、満州は非常に理想的な天国みたいなところではなかった。親元と切り離されて単独で行くわけですから、今のヤワな高校生に比べれば昔の高校生はもっと精神的にも強かったとはいえ、やはりたいへんなホームシックにかかって、親元に帰りたいという思いは盛んになるでしょうし、内部が完全に軍隊式ですから、正にかつての旧軍隊と同じです。暴力を伴うリンチがあって、一日でも早く入れば先輩であるという。今の若者の運動部に若干その体質は残っていますが、運動部だって今はなかなか入る学生が少ない。ほとんど緩やかなサークルに入るという状況ですが、戦前はそうではない。一日でも早く入れば先輩ですから、当然後輩として礼を尽くさなくてはいけない。そこには当然いじめもあるという非常に厳しい生活の中で、精神的に耐えきれないで自閉症になったり、鬱症状になったり、あるいは放火をしたり、毒物を入れたり、自殺もあったというような実態をお話しいただきました。

最後に昌図事件という、義勇軍の子どもたちの反抗の典型的な例であるお話をされて、これは加藤完治が弁護することによって自らの意図なり試みを守った。最終的には三二名が有罪となったが、非常に早い時期に解放された。ただしその連中も青少年義勇軍には残らなかった。それが象徴的だと思います。彼らが青少年義勇軍に対してどういう姿勢で臨んだか、いかに多くの被害を出したかというお話でした。私がここで意見を言ってはいけないかも知れませんが、「大人」とおっしゃったけど、彼らは確かに大人と言えば大人なんですけれども、その背後に当時の大日本帝国という「国家」があったと思うんです。例えば関東軍がそうです。士官は関東軍から来ています。だから私は「大人」と言うより「国家」があったと思うんです。それだけちょっと申し上げておきます。個人的なことを言って申し訳ありませんが、私はスレスキー先生とは三〇年前、そう言うと私の年が知れるわけですけれども、日本で一緒に満州についての研究会をやっていた仲でしたが、最近は音信不通でした。

スレスキー　馬場先生は私より若い方です。

馬場　今度の愛知大学のシンポジウムでお招きをして三〇年ぶりにお会いしました。スレスキー先生は若い頃の満州に対する関心をずっと深められて、今日は珍しい写真も見せていただきました。日本人は何をやっているのかという感じもしますけれども。青少年義勇軍というのは、若い高校生の世代が、日本の大陸進出という政策の最先端に送られて、戦争が終わる時に大日本帝国の侵略のツケを負わされたというふうに私は思っています。

というのが私のまとめでございます。勝手なことを言って申し訳ございません。これからどうぞご参加の方、ご自由にご質問、ご意見をお出しいただければと思います。どうぞ。

会場から　どうして「満州」ではなく「満蒙」開拓青少年義勇軍なんでしょうか。

スレスキー　ご質問ありがとう。やはり帝国を作る目的があったので、最初に満州に入って、あとはモンゴルのほうも、という考えからきていると思います。「満蒙」には満州と、中国の北のところすなわちモンゴルという広い意味がありますから、「満州」の開拓義勇軍ではなく「満蒙」という言葉を使ったと思います。

馬場　そちらの後ろの方。

会場から　今日はありがとうございました。二つ質問があります。今日この講演会に参加された方の中に、昔満州の少年隊員であった人がいるかどうかということを知りたいということ。もうひとつは、私は少年隊の方に会ったことがあるんですが、その人たちが戦争に巻き込まれた中で、最初は生きるために国民党の軍隊に入ったけれども、共産党との戦争が起きたので国民党の服を脱ぎ捨てて有利な共産党の兵隊になった。しばらくは中国で建国のために残って一九五五年ぐらいに日本に帰ってきた。生きるために国民党に入ったり共産党に入ったりして、非常に生きる志がすごい人たちだなあと感じています。そういうことで疑問は二つあるんですけれども、とりあえず満州で生き延びられた方みえますか。

馬場　この中にかつて満蒙開拓青少年義勇軍におられた方は。三名の方に手を挙げていただきました。後ほどご意見をいただければと思います。それから国共の内戦の時、最初国民党のほうに入って、そのあと共産党が有利になったら共産党の人民解放軍のほうに行ったという。それは義勇軍出身の方とお聞きになったんですか。

会場から　ええ。その人は次男でしたが、一六歳の時に開拓団に「日本よりもいい」ということで誘われて行った方です。今日の先生の講演は一応戦争で終わったんですが、少年たちが後にどういう生きざまをしたかというのをこれから聞かせていただけたらと。

スレスキー　分かりました。私は何人かの元義勇軍の方にインタビューしましたが、彼らは拓魂祭の時には政治や国際状況についての話をしようとしなかったんです。彼らの目的は亡くなった友達を思い出すこと、満州での生活を思い出すことでしたから、そういう話はいっぱいありました。ですから、私が「近くに住む中国人との関係はどうでしたか」と聞くと「ああ、すばらしかった」。それだけで、もっと詳しいことは誰も話したがらなかった。それで私も恥ずかしくなって「もういいです、分かりました」と言いました。あとは拓魂祭でいろいろな元義勇軍の人に、あとでもう一回会いたいと頼み、合わせて一二名ぐらいが西新宿で集まりました。その時はもっと詳しく、もっと客観的な話も聞けました。皆、拓魂祭の時には複雑なことを話したくなかったんですね。けれども少人数で集まった時には、私がこの事件があったと言うと、「ああ、そうそう、そういう事件があった」というふうに話してくれました。それでだいたいこういう人は戦争が終わっていろいろ難しい状態があって、七〇年代、八〇年代に入ったらこういうことを忘れたかと思いました。満州の冒険に関する最近発表された資料を読めば、もっと微妙な評価が見えるとか、もっと厳しい意見をよく出します。その時期から離れるといろいろな側面が出てくる。見たいんです。

会場から　犠牲者だったからあまり思い出したくないのでしょうか。

スレスキー　思い出したい人、自分の基礎を発表する人もいるんです。いろいろな本や日記を自費出版していて、数は少ないけれども手に入ったものもあります。

会場から　今日三人来てみえるんですけれども、三人の中から何かコメントをいただけると。

馬場　ぜひコメントをいただきたいと思っていますが、その前にちょっと前のほうで手を挙げられた方。

会場から・渡辺　日本の歴史の進路が狂ってくるのは満州建国以降のことで、昭和一〇年代から二〇年代にかけてめちゃくちゃな国体論とか神がかりの思想が飛び込んできました。内原のすぐそばに宇都宮愛郷塾という、橘孝三郎さん、林正三さん等を中心とするのがございますが、しっかりとした自然観、人間観を持っておりますし、加藤完治さんもデンマークの共同理論を提唱されたし、国民高等学校というのは理想をもってみえたはずです。いくら日本人でもそんなむちゃくちゃないじめ学校というのはなかったと思うんです。高校生にたとえられますが、高等小学校卒業というのは小学校六年、高等科二年、しっかりとした教育を受けた部隊が、少年ではありますが行っております。いくら何でも「天皇弥栄」かどうか知りませんが、自分の意思でなくして満州へ行くとは思えません。しっかりとした農村を築こう、そして自分たちの生活を築こうと思って行ったわけです。指導者の加藤完治さんそのものの人間像、また満州の持っていた大きな生産力と言いますか、戦争中中国からの豆菓子なんか食わされておりましたので、これは満州の生産の余力によって我々が飢えをしのいでいたわけです。やっぱり歴史の流れの中でございますが、その中にもただ時代に迎合するだけではなくて、何らかの理想を持っていたと思います。そういう人間像は浮かび上がってまいりませんでしょうか。お尋ねいたします。

馬場　スレスキー先生がちょっと微妙な問題で答え難いとおっしゃっているので。ただ先ほどのお話というのは、確かに加藤完治はたいへん理想的だったというお話はあったと思うんです。ところがいざ実際に訓練所に入ったりなんかすると非常にずれがあるというお話だったと思います。まあ私があまりしゃべるのも恐縮ですので、そういうお話だったということだけ代わりにお答えします。それでは義勇軍に参加された方、三人に手を挙げていただいたので、ぜひこの際に何かご意見をいただければと思います。

会場から　先ほど勃利大正門の写真が出ましたが、大正門と言うからには勃利には青少年義勇軍が相当いたんでしょうか。僕のいとこが勃利におりまして、終戦後シベリアに抑留されて何年か後に帰ってきました。富山のテレビ局で抑留時代のことを放送したのをビデオで見ましたが、勃利というところには人数はどれぐらいいたんでしょうか。

スレスキー　たぶんこの写真の撮られた頃、勃利には二、八八五名いたと思います。三千人近くいました。

会場から　三千人近くいて、シベリアに抑留されたのがほとんどですか。あるいは何割か日本に帰ってきたんですか。

スレスキー　戦争が終結した時、どのくらいの少年がシベリアに抑留したか、私にはそれが分からないので、私の研究よりもっと詳しい調査が必要だと思います。数はどのようなものも、もちろん変わるんですね。例えば訓練所にいた少年の数にしても、ある少年は大訓練所に入って、いろいろ手続きがあってあとは小訓練所か特別訓練所に行きます。その一方で大訓練所に三年間ずっといた少年もいます。そういうふうに、やっぱり数は変わると思います。

会場から　僕は戦時中、いとこから葉書をもらった時は樺太におりまして、樺太より満州のほうがかなり寒いだろうなあと思ったことがありますが、勃利というところは相当人数も多かったわけですね。

スレスキー　その勃利の写真とそちらの思い出は同じですか。

会場から　僕は別に満州に行ったわけではなく、今勃利の映像が出たのでいとこのことを思い出したわけです。

スレスキー　ありがとうございました。

会場から　今日のこの講演会を開かれる動機と目的についてちょっとお話し願えますか。

スレスキー　いい質問です。私はハーバード大学でも英語でこれと同じ発表をしましたが、ある学者さんが同じ質問をしました。元々満州の三〇年代、四〇年代を勉強したいと思っていたんです。それで私は最初に、中国人の立場から見た少年義勇軍がどういうものであったかを勉強しました。その研究が論文で一九八一年に学術誌で出版されました。私の専門は中国近代史ですから、もちろん中国人の立場から最初に義勇軍のことを分析することが当然だと、ある意見で思いました。

今回は私は少年の立場から勉強したいと思いました。馬場先生と私とで違う意見がありましたね。もちろん国家と帝国主義は強い影響がありました。けれども少年の立場から見たら、やっぱり大人の社会と子どもたち、という分析があると思います。例えば裁判で子どもたちは「僕が悪かったから事件になりました」と言う。一五歳の子の説明ですから当たり前だと思います。それでそういう立場で分析をしました。それ以上の大きな目的はありません。

会場から　昌図事件のことは聞いていたんですが内容はよく分かりませんでした。今日はありがとうございました。

馬場　これは口頭ではなく質問用紙でお出しになった方です。ソ連が入ってきた時（「ソ連軍侵攻の悲劇」とお書きになっていますけれども）の義勇軍がどうだったかという質問と、もうひとつはシベリアに抑留された時に普通の兵士よりも早く帰れたのかどうか。どのくらい抑留されたかというご質問ですが、ちょっと今お聞きしましたら後者のソ連抑留の期間はよく分からないということです。

スレスキー　ソビエト軍が満州国の国境を越えた時に、ある子どもは戦争をしたいという気持ちで小銃を持ちました。だけど戦車と小銃では比較にならない。それで子どもはいっぱい殺されました。ある子どもは開拓団の農民と一緒に南のほうへ行きました。いろいろなケースがありましたが、そういう物語に関する研究は私は知っていません。私の研究は戦争の終わった八月までのものです。その後のものも、もちろん読みましたけれども特に勉強はしませんでした。記録された資料を読めばたいへん悲劇的なものであったことが分かると思います。

馬場　では義勇軍に参加された三人のうちのお一人から。

会場から　私は昭和一八年に渡満して、終戦までおりました。今まで話を聞いておりますと、義勇隊というのは細かく分かれておりますからいちがいにこうだったということは先生も話せなかったんじゃないかと思います。聞いている方もその点を理解していただきたいと思います。例えば私は鉄嶺大訓練所におりました。終戦の八月一〇日に私は一八歳で召集令状がハルビンから来ました。それで八月一五日に関東軍の二等兵の検査ではしようがないから一等兵の検査を受けました。あとから考えてみるともうその時、日本は負けていたものだから、軍服に着替えた時に日本無条件降伏ということを知らされました。それでまた軍隊に帰って三日ほどウロウロしていましたら、「もうお前たちには用はないから」と言われ、また義勇隊の服に着替えて鉄嶺に戻りました。八月一七日だと思います。哈爾浜の駅でまだ列車は通っており、鉄嶺まで無事に帰ることができました。鉄嶺にあった訓練所はそのままでした。まだソ連軍が進駐していませんでした。九月の初め頃に初めて進駐軍のソ連兵が入ってきましたが、たいした暴力的なことはなかったです。引き揚げの時、私の場合三、四回ぐらい貨車に乗って南下していったんですが、私は最後の列車に乗りました。その途中哈爾浜などの大きな駅に停車するたびに、反対列車を見ると、元の関東軍と言われた連中がすし詰めのようにされてシベリアへと送られていきました。

一〇月一日に奉天（今の瀋陽）まで行って、この時は内地へ帰れるとばかり思っていたんですけれども、瀋陽の駅で下車命令によって放り出されて難民生活に入りました。昭和二一年の五月にようやく引

き揚げることができて、日本に上陸したわけです。

先ほど勃利の気候はどうだったかという質問がありました。私のところより少し南ですが、私のいた鉄嶺大訓練所は真冬には零下四二度という時もありました。今日は少々暖かいなと思うと零下三〇度ぐらい。奉天で難民生活を送っていた時にはとても楽でした。零下一五度～二〇度ぐらいで、そんなに寒さは感じませんでした。

こんなところでよろしいでしょうか。先生のお話を聞いて本当に今日は昔を思い出しました。ありがとうございました。

スレスキー　こちらこそありがとうございました。素晴らしい話ですよ、本当に。

馬場　もうお一人義勇軍に参加なさった方がいらっしゃったと思うんですけれども。よろしいでしょうか。ではだいぶ時間が過ぎておりますので、もうお一人だけ。

会場から　私は長野県から来ました者です。松本の隣の波田町というところから来ました。実は私の父が東亜同文書院の第二五期の生徒で、満蒙に旅行した時の記録というか論文が本に書いてあります。来年はうちの父が歩いたところを、全部というわけにはいきませんが旅行をしたいと思います。今日のことを聞いたり見たりして、どのようにしたら中国を旅行できるか、アドバイスしてもらいたいということと、各県から満州に青少年が送られましたが、各県の政策・方針によって、たくさん行ったところとそうでないところがあったのでしょうか。さっき長野県からはだいぶ大勢行ったようなことを聞いたものですから、その辺はどうでしょうか。

会場から・李　東亜同文書院の話だから、藤田先生に答えていただいたほうが早いと思います。大旅行に関する話で、父が歩いたコースを来年旅行したいが、どうやっていいかアドバイスしてほしいと。二点目は各県から選ばれていて県の政策によって多いところと少ないところがある。長野からどうも大勢行ったらしいんですが、理由はなぜですか。

藤田　旅行コースはそれぞれの班で書かれたコースがあって、それを一度ご覧になっていただくとお分かりいただけると思います。それから各県によって県の財政力が違います。福岡あたりでは大陸に近かったですから年によっては、普通は二人しか認めなかったんですが四人ぐらいの時もありました。東北のほうは一人、あるいは〇人の時がありました。授業料はみんなただのはずなんですが、この前の安澤先生の時には急に新潟港の整備のために県がお金が要るというので、自費でやれというふうになったりして、いろいろバラエティに富んでいます。概して言うと中部日本から西日本のほうはだいたい二人以上、東北地方は少し少なかった。それは当時の各県の財政事情によるものです。

馬場　以上で質問は終わらせていただきます。一件だけご紹介いたしますけれども、先ほど紙面でお出しいただきました桑島聖三さんのお書きになった『流れ雲――ソ連抑留生活体験記』を、ご本人のご希望でスレスキー先生にお渡しいたします。では藤田先生、最後に。

藤田　どうも先生ありがとうございました。実は我々がこの企画をしました時、ちょっと特殊なテーマなので、こんなにたくさん皆さんに来ていただけるものと思っていませんでした。特に今日は中国から来られた研究者の方が多いのですが、やはり日本人にとってみますと心のどこかに引っかかった部分が

あるという気がいたします。義勇軍には一番若くて小学校五、六年生ぐらいからもう行かされたというような話もずいぶん聞いております。今日ここに長野県で満蒙開拓を研究されている女性の方が来ておられました。たくさんの本を出されていて、例えばこれは当時の長野県下伊那地方の村報や帰国者からの聞き取りに見る満州移民の報告書です。私もずっといただいているんですが、下伊那の中の満州とか、もう無くなってしまう記録を一生懸命整理していらっしゃいます。今日は飯田線の時間がもう無いものですから帰られたんですけれども、これをロン先生に差し上げるということです。こういう研究をこの近くの方々がされているということをご紹介させていただきます。どうもロン先生ありがとうございました。今後もまた研究がうまくいきますように。

併せて今日両端で通訳をしていただいた中国の方、日本の方、ありがとうございました。それから恒例によりまして懇親会を用意しています。隣の建物の一番下です。今日は予想外の数だったものですからちょっと窮屈かも知れませんが、無料です。ロン先生とお話したいという方はぜひそこへ行って楽しんでください。なお名古屋から来られた中国の先生方、二〇分ほど遅れていますが五時少し過ぎぐらいにはバスに乗って帰られることになります。どうもありがとうございました。

〈謝辞〉

本にするにあたり、本文の編集を担当していただいた佐伯英子さんに感謝したいと思います。

ロナルド・スレスキー　Ronald Suleski

ハーバード大学フェアバンク東アジア研究所

〈経歴〉

ミシガン大学　Ph.D.(現代中国史)

テキサス大学にて教鞭（～1980年）

国際交流基金（Japan Foundation）により来日（1980年）

日本滞在中（1980～1997年）は英米学術誌三誌の編集長等を歴任。その後、Huron大学東京校（本校、米国南ダコタ州）の学長に就任。学生数、留学生数およびPhD保有の教授陣の充実に貢献。

フェアバンク東アジア研究所（1997年～現在に至る）

〈主な著作〉

Affective Expressions in Japanese (1982)

The Red Spears by Dai Xuanzhi (1985)

The Modernization of Manchuria: An Annotated Bibliography (1994)

Civil Government in Warlord China: Tradition, Modernization and Manchuria (2002)

Lishi yanjiu (no. 4, 2005)

The Fairbank Center for East Asian Research at Harvard University, a fifty year history, 1955–2005 (2005)

愛知大学東亜同文書院ブックレット ④

満州の青少年像

2008年 3 月 31 日 第 1 刷発行
著者⊙ロナルド・スレスキー ©
編集⊙愛知大学東亜同文書院大学記念センター
〒441-8522 豊橋市町畑町1-1 Tel. 0532-47-4139
発行⊙株式会社 あるむ
〒460-0012 名古屋市中区千代田3-1-12 第三記念橋ビル
Tel. 052-332-0861 Fax. 052-332-0862
http://www.arm-p.co.jp E-mail: arm@a.email.ne.jp
印刷⊙東邦印刷工業所

ISBN978-4-901095-98-3 C0321

刊行にあたって

愛知大学には、その前身校といえる東亜同文書院（一九〇一〜一九四五 上海）を記念した愛知大学東亜同文書院大学記念センターがあります。東亜同文書院や同大学の卒業生の方々からいただいた心のこもった基金をもとに東亜同文書院記念基金会が設立（一九九一年）されたあと、一九九三年に当記念センターが開設されました。

この記念センターは東亜同文書院の歴史と、その卒業生で孫文の秘書役を果した山田純三郎のもとに集められた孫文関係史資料の展示を中心に行ってきました。中国、アメリカ、イギリス、フランスなどからの来訪者も含め、多くの見学者が来られ、好評を博しております。

二〇〇六年五月、当記念センターは文部科学省の平成一八年度私立大学学術研究高度化推進事業（オープン・リサーチ・センター整備事業）に選定されました。これまでの当記念センターの実績が認められたものと思われます。

この「オープン・リサーチ・センター整備事業」に選定されたことにより、東亜同文書院大学とそれを継承した愛知大学の開学をめぐる歴史についてのシンポジウムや講演会、研究会の開催をはじめ、東亜同文書院大学の性格やその中国研究、愛知大学の継承的開設に関する研究も行なうことになりました。

そこで、この「オープン・リサーチ・センター整備事業」の開設記念の一環として東亜同文書院時代の貴重な体験などを記録し、多くの方々にも知っていただけるよう、ブックレット・シリーズを刊行することになりました。

学問の府の継承をとおして日中関係史に新たなページをつけ加える愛知大学東亜同文書院ブックレットの刊行にみなさんのご理解とご協力をいただければ幸いです。

二〇〇六年一一月一五日

愛知大学東亜同文書院大学記念センター　センター長　藤田　佳久